小亮老师的博物课

奇趣无穷的飞鸟乐园

张辰亮 著 尉 洋等 绘

天地出版社 | TIANDI PRESS

我是一名科普工作者，经常在微博上回答网友提的关于花鸟鱼虫的问题，很多人叫我"博物达人"。我得了这个称呼，自然就常有人问我："博物到底是什么呢？"

博物学是欧洲人在刚刚用现代科学视角看世界时产生的一门综合性的学问。当时的人们急切地想探知万物间的联系，于是收集标本、建立温室、绘制图谱、观察习性，这些都算博物学。博物学和自然关系密切，又简单易行，普通人也可以参与其中，所以曾经引发了欧洲的"博物热"。博物学为现代自然科学打下了根基。比如，达尔文就是一位博物学家，他通过对鸟兽的观察、研究，提出了"进化论"。"进化论"影响了人类数百年。

科学发展到现在，已经非常复杂高端，博物学在科学界也已经完成了历史使命，但博物学本身并没有消失。我们普通人往往觉得科学有点儿高端，和生活有点儿脱节。但博物学不一样，它关注的是我们生活中能见到、听到、感受到的事物，它是通俗的、有趣的，和自然直接接触的，这使它成为民众接触科学的最好途径。

博物学是孩子最好的自然老师。

我做了近十年的科普工作，现在也有了女儿，当她开始认识世界，对什么都好奇时，每次她问我"这是什么？"的时候，我就在想：她马上要听到她一生中这个问题的第一个答案！我应该怎么说，才能既保证准确、不糊弄孩子，也能让孩子听懂呢？

我不禁回想起当我还是一个孩子的时候，我的家长是怎样回答我的问题的。

在我小时候的一个冬天，我踩着雪去幼儿园，路上我问我妈："我们踩在雪上，为什么会发出嘎吱嘎吱的响声？"我妈说："因为雪里有好多钉子。"到了夏天，我又问我妈："打雷是怎么回事呢？"我妈告诉我："两片云彩撞一块儿了，咣咣的。"

这两个解释留给我的印象极深，哪怕后来学到了正确的、科学的解释，这两个答案还是在我的脑中挥之不去。

我想这说明了两件事。

第一，童年得到的知识，无论对错，给人留的印象最深。如果首次得到的是错误答案，以后就要花很大精力更正它。如果第一次得到的是正确的知识，并由此引发兴趣，能够探究、学习下去，将受益终生。所以让孩子接触到正确的知识很重要。

第二，这两个问题的答案实在太通俗、太有趣了，所以我一下就记住了。如果我妈当时跟我说了一堆公式，我肯定早就忘了，也不会对自然产生持续的兴趣。所以，将知识用合适的方式讲给孩子也很重要。

这些年我在微博上天天科普，回答网友的问题，知道大家对什么最感兴趣。我还多次去全国各地给孩子们做科普讲座，当面听到过无数孩子的提问，对孩子脑袋里的东西也有一定的了解。

我一直在整理我认为最贴近孩子生活、对孩子最有用的问题的资料。最近，我觉得可以把这些问题的答案分享给更多的孩子和家长了，于是我就在喜马拉雅上开了一门课程——《给孩子的博物启蒙课》。

这门课程一共分为六个主题模块，分别是花草树木、陆地动物、水生动物、鸟类、昆虫、身边自然，涵盖了植物、动物、进化、天文、地理、物理等方面的知识，选取的内容都是日常身边能见到，孩子们能感知的事物。这 60 期课程的主题也都是孩子们感兴趣的话题，想必里面的不少内容，孩子们都问过家长，如果家长不知道怎样回答孩子，就让他们听我讲吧！

我希望这门课程不但能使孩子们获得知识，而且能让他们用正确的态度对待自然。如果它还能让孩子对大自然和科学产生好奇，进而有更多独立的思考和探究，就更好了。

音频课播完后，我本来以为完成"任务"了，可很多家长和孩子都问："开不开第二季？"看来大家挺爱听！我在欣慰的同时又有点儿犯难：录制这套课程非常耗费时间和精力，我还没有下定决心开第二季。好在已录制的部分可以全部出成书，听完课没记住内容的话，可以翻翻书，书中配有大量图片，看书也更直观。看完这本书，希望你能被我带进博物学的大门，养成认真看书、独立思考、善于野外观察的好习惯，成为一名大自然的热爱者、研究者和保护者。

奇趣无穷的飞鸟乐园

为什么鹦鹉、八哥会说话？

奇趣无穷的飞鸟乐园

提起会说话的鸟，大家能想到什么鸟呢？小朋友们首先想到的肯定是鹦鹉，然后是八哥。有的小朋友可能还会提到鹩（liáo）哥，这也是一种会说话的鸟。你还知道其他会说话的鸟吗？

松鸦

其实乌鸦也能说话！不信的话，你可以上网搜索乌鸦说话的视频，能看到乌鸦说"hello（你好）"之类的简单的话。这是因为欧洲有一座古堡，后来成了旅游景点，游客会逗里面的一些乌鸦，所以它们学会了一些简单的英语。

除了乌鸦，其他的鸦科动物如松鸦、美洲的冠蓝鸦，也都会说话。

这些会说话的鸟主要属

冠蓝鸦

于三个科：鹦鹉科、椋（liáng）鸟科和鸦科。八哥、鹩哥属于椋鸟科。

如果你注意听这三类鸟的叫声，就会发现即使是那些不会学人说话的野生个体，它们的叫声也非常丰富。它们会学其他的鸟叫，这是它们的一个爱好。

生活在南方的朋友经常会看见一种鸟——乌鸫（dōng）。

乌鸫

我在南京上学的时候，校园里有很多乌鸫，它们浑身漆黑，长得像乌鸦，但是个头儿比乌鸦小，而且嘴是黄色的。这种鸟的叫声一会儿一变，听起来好像是几种鸟在叫，其实只有一只乌鸫在叫，因为它会学各种鸟的叫声。这种行为在鸟类学里称作"效鸣"，就是效仿其他鸟类鸣叫。

能效鸣的远不止前文中提到的那三个科的鸟，很多鸟都会模仿其他鸟的叫声，比如画眉鸟、百灵鸟。养鸟的人也经常让画眉鸟、百灵鸟学麻雀、喜鹊叫。但是会说话的鸟，主要还是集中在鹦鹉科、椋鸟科和鸦科。

为什么这些鸟的叫声这么多变？

人类通过喉咙、口腔、嘴唇和舌头位置的各种变化，才能发出多样的声音。而大部分鸟的嘴是硬的，舌头、口腔也不能随意变化，所以不能辅助发声。鸟叫的时候，无论声音多么婉转，它的嘴和舌头还是比较僵硬的。人的口腔可以鼓起、瘪下去，舌头可以卷翘、弹起，而鸟不可以。

鸟的哪个部位比较灵活呢？是脖子。如果你仔细看鸟的脖子，会发现鸟鸣叫的时候，它脖子里的肌肉在不停地发力、挤压，正因为这个原因，鸟叫出来的声音才那么多变。

鸟挤压的部位是它的"鸣管"，鸣管位于主气管偏下的位置。鸣管两侧有发达的肌肉，可以挤压里面的鸣膜，类似于人的口腔和嘴唇，把气流挤压成不同的形式发出来，这样声音就能发生变化了。所以鸟叫出来的声音才那么多样、好听。

能效鸣的鸟这种"变声"能力格外强。它们不但有自己的一套叫法，还会学习其他鸟的叫声，有些鸟（比如澳大利亚的琴鸟）甚至能学汽车喇叭声、电话铃声、电锯声和相机快门声等。

为什么鸟要学其他的声音呢？目前还没有一个明确的解释。每种鸟的目的可能都不一样。有的鸟可能只是为了娱乐，有的鸟可能是出于社交需要，它想和其他鸟交流，就必须要学习其他鸟的叫声，会的越多，它们交流起来就越顺畅。但是具体的原因我们还不清楚。

鹦鹉为什么能学人说话？

大部分能效鸣的鸟声线比较尖细，不太适合人类的发声方式。但是鹦鹉、八哥，以及一些乌鸦等和人的声线比较接近，所以它们能学人的声音。

鹦鹉是所有的鸟类里学人说话学得最好的。虽然你单独挑出一只鹦鹉，它未必比一只八哥说得好，但是从整个家族来说，鹦鹉家族是学人说话最多的，也远远比椋鸟科、鸦科学得好。

之所以这样，主要有三个原因：

第一，鹦鹉的舌头比其他鸟的更灵活。它不光可以用鸣管控制发声，还可以用舌头辅助发声，这在鸟类中相当少见。

第二，鹦鹉的智力比较高。在有些情况下，它学人说话，是真正能明白那句话的意思，真的在和人沟通，而不仅仅是在学人的声音。但并不是所有的鹦鹉都这么聪明，只有个别智力超群的种类可以这样，比如非洲灰鹦鹉。

第三，鹦鹉是一种有强烈社交需求的鸟。大部分的鹦鹉都喜欢成群活动，聚在一起，叽叽喳喳的。到了人的家里，没有同类了，就会把人类当成交流对象。如果把一只鹦鹉单

两只金刚鹦鹉在交流

独关在笼子里，长时间不理它，它就会抑郁。比如凤头鹦鹉，如果每天主人和它交流的时间不够，它就会烦躁，把自己的毛拔下来，甚至会生病！而且，鹦鹉还有嫉妒心，大鹦鹉有时候会欺负家里的孩子，因为它觉得主人给自己的爱被小朋友分走了；家里来客人了，它甚至还会往客人身上拉便便。

看到这里，很多小朋友可能会觉得鹦鹉太好玩儿了，很想养一只。但是一定要注意，在我国只有三种鹦鹉可以合法饲养，不需要办任何手续，买回家就可以饲养。

它们分别是虎皮鹦鹉、桃脸牡丹鹦鹉和玄凤鹦鹉（又叫鸡尾鹦鹉）。除了这三种鹦鹉，其他的鹦鹉都不能直接养。如果你要养其他品种的鹦鹉，首先要办理驯养繁殖许可证。即使其他品种的鹦鹉是人工繁殖出来的，不是野生的，也需要办理许可证，否则就会受到相关部门的处罚。

不需要办理许可证就能饲养的三种鹦鹉都不是特别擅长学人说话的品种。如果你用心教虎皮鹦鹉，运气好的话它能学会说话，其他两种鹦鹉基本上不会学人说话。

养鹦鹉有哪些乐趣呢？

我们养鹦鹉当然不只是为了听它说话，鹦鹉能带给我们的快乐还有很多。比如，鹦鹉特别喜欢亲近人，如果你把一只刚出壳没多久的鹦鹉雏鸟从小养大（有一个名词叫"手养"），它就会把你当成亲人，和你的感情特别好。这和直接买一只成年鸟饲养的体验完全不一样。手养的鹦鹉就跟小狗差不多，可以听懂你的一些简单指令，所以你可以训练它，让它做一些事情。

虎皮鹦鹉

如果你的鹦鹉和你比较亲密，你把鹦鹉从笼子里放出来，它会落在你的肩膀上，甚至在你肩膀上睡觉；你写作业的时候，它就在你的手上蹭来蹭去地撒娇。如果养得特别好的话，甚至可以把它带到室外，而它不会飞走。所以在合法的前提下，养一只鹦鹉有很多乐趣。

桃脸牡丹鹦鹉

养鹦鹉有哪些需要注意的问题呢？

虽然鹦鹉说话的时候很可爱，但是它鸣叫的时候，声音特别大。如果你非常喜欢安静的话，可能不适合养鹦鹉。不过这也跟鹦鹉种类有关，有的鹦鹉安静，有的鹦鹉吵闹。在养之前你一定要事先学习，选择适合自己的鹦鹉种类。

奇趣无穷的飞鸟乐园

有的鹦鹉羽毛会掉粉，也就是羽粉。这其实是羽毛在生长过程中脱落的角质层。有的鹦鹉掉羽粉很严重，比如玄凤鹦鹉。如果你对羽粉过敏，也不适合饲养。

另外，把鹦鹉放出来活动时要注意一点，就是很多鹦鹉会随处大小便。鸟就是俗话说的"直肠子"，它们的憋屎能力很弱，有屎就会随时拉出来。有时候它会直接把屎拉在你身上，你一定要做好心理准备。经过训练，有一些鹦鹉可以短暂憋屎，比如它想排便的时候，会从你身上先下来，然后把屁股翘起来。这样你就知道它要排便，赶紧拿纸给它垫着。

玄凤鹦鹉

总的来说鹦鹉还是很可爱的，寿命也很长，一般能活几十年。所以养一只鹦鹉，它可以陪伴你们整个家庭，成为你们家庭的一员。期待大家在遵守法律法规的前提下，能够有一只可爱的鹦鹉朋友。

我的自然观察笔记

　　小朋友，去花鸟市场时仔细观察，看看鹦鹉跟八哥的区别，看看它们都吃些什么，再听听它们是怎么叫的。

　　观察完毕后，请在下方空白处将观察内容记录下来吧！

小燕子冬天飞到哪里去了?

奇趣无穷的飞鸟乐园

　　小时候，我们都唱过一首歌："小燕子，穿花衣，年年春天来这里。"你有没有想过"这里"到底是哪里呢？好像所有人都感觉春天的时候燕子会飞到自己家附近。北方人觉得燕子是从南方飞来的，南方人觉得燕子是从更南边的地方飞来的。燕子到底是从哪里飞来的？冬天的时候又飞到哪里去了？

　　如果你想知道这些问题的答案，首先要观察燕子长什么样子。观察之后你会发现，燕子可不止一种。

　　中国常见的燕子一般是三种。一种燕子后背是深蓝色的，肚皮是白色的，胸口有浅浅的红色，脑门也是红色的，尾羽很长，像剪刀一样。这种燕子叫家燕，顾名思义，这是我们房前屋后最常见的燕子。

　　另一种燕子飞起来的时候外形跟家燕很像，但是一落下来就不一样了。这种燕子的腰是金黄色的，胸口是白色的，上面有很多黑色的细纵纹。这种燕子叫金腰燕，因为它的腰是金黄色的。

北京雨燕

在北方，尤其是华北地区，还有一种燕子比较常见。它的尾羽非常短，几乎看不出剪刀形状。但是它的翅膀特别长，比它的身体还要长，而且飞起来特别快。这种燕子在北京尤其多，它叫北京雨燕，又叫楼燕。

中国的家燕和金腰燕是怎样迁徙的？

家燕秋天的时候就开始往南飞，飞到哪儿去呢？大部分燕子都会飞出中国，一直往南，飞过菲律宾、印度尼西亚，最后一直飞到澳大利亚或者新几内亚去过冬。而一些家燕会在东南亚过冬，不会一直飞到澳大利亚。也有少量的家燕不想飞那么远，冬天的时候它们就留在云南的南部、海南或者台湾过冬。

等到春天的时候，这些家燕又往北飞，飞到中国的西北或者东北，也有一些家燕会飞到中国南方地区。所以家燕的迁徙不是整齐划一的，总体上从秋天开始往南飞，春天往北飞，所以整个中国的人都会感觉春天的时候当地有燕子从南方飞来。

中国的金腰燕冬天会飞到东南亚一带，春天的时候回到中国东北或者青藏高原一带。金腰燕有很多亚种，有一个亚

金腰燕

种不迁徙，一年四季都生活在广东和福建。

北京雨燕有什么特点?

北京雨燕虽然名字里有"燕"字，但是跟真正的燕子一点儿关系都没有。家燕和金腰燕是货真价实的燕子，都属于雀形目的燕科。但是北京雨燕属于雨燕目，和雀形目没有关系，反而跟蜂鸟关系很近。北京雨燕叫"燕"，只是因为它长得像燕子。但是仔细观察你会发现，其实北京雨燕和真正的燕子有很多不一样。北京雨燕的翅膀比燕子长很多，尾巴又比燕子短很多。通过这两个特征就可以把北京雨燕和燕子区分开。

北京有许多北京雨燕,它因为最初在北京被发现而得名。如果你春天来北京旅游，去参观名胜古迹和旅游景点，比如故宫、景山、天坛、北海等，你会发现这些景点的上空有很多北京雨燕，它们叽叽喳喳地叫着，极快地飞来飞去。

北京雨燕在干吗？它们在这些古建筑的屋檐下做巢，这也成了北京的一景，展现了古文化跟大自然和谐共存的一面。所以北京人非常喜爱北京雨燕，对它们有深厚的感情。

在我小的时候，我爷爷特别喜欢去北京的名胜古迹散步，他常去颐和园。颐和园有一个亭子——廓如亭，这个亭子特别大，里边能坐很多人。每年春天，会有很多北京雨燕在亭子下做巢。有一天，我爷爷在廓如亭捡到了一只不小心从巢里掉下来的小雨燕，把它带回了家。我和爷爷一起养小雨燕，喂它吃小虫子，喂大之后，就把它放飞了。

2014 年，中国的一些鸟类学家在廓如亭抓到一些北京雨燕，给它们装上了定位器，然后把它们放飞，想知道它们飞到什么地方过冬。等北京雨燕回来之后，鸟类学家发现它们竟然一直飞到了南非！它们从北京颐和园开始飞，不是往南飞，而是往北飞到内蒙古，然后一直往西到达新疆，进入中东地区，然后再往南飞到沙特阿拉伯，进入非洲；接着，再从非洲一路往南，最后在南非停下来，在那儿过完冬，再从南非沿原路返回，飞回北京。

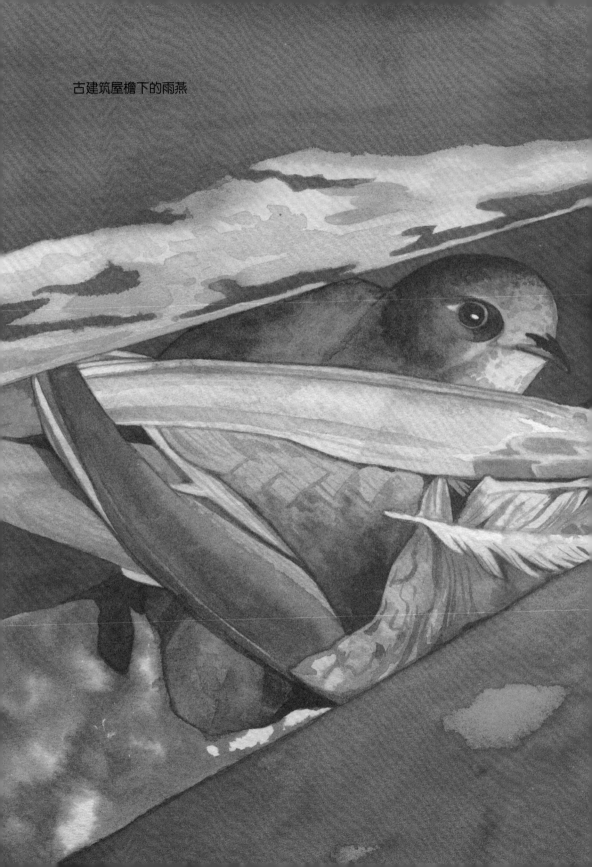
古建筑屋檐下的雨燕

一年飞一个来回，多厉害！这说明北京雨燕的飞行能力非常强。它甚至可以一边飞一边睡觉，饿了就抓空中的飞虫吃，所以迁徙途中它们基本不用停下来休息。

在得知北京雨燕的迁徙路线之后，科学界也非常震惊，大家没想到它们可以飞到那么远的地方。

北京雨燕还有一个特点，就是它的脚非常小，你不仔细找都看不到它的脚在哪儿。它飞起来的时候脚就藏在羽毛里，落下来的时候也只能抠住建筑物的边缘，挂在建筑物上，想落在树枝上都困难。

为什么会这样呢？因为北京雨燕的四个脚趾全都朝前。大部分鸟的脚趾是三个朝前，一个朝后，这样可以抓住树枝。北京雨燕的四个脚趾都是朝前的，无法抓住树枝，只能当一个小钩子挂在悬崖上或者建筑物上。所以，大多数的鸟都生活在树上，而北京雨燕需要在建筑物上停落、栖息。

北京雨燕还有个名字，叫"永远不会落地的鸟"。之前各种资料都认为，北京雨燕落到地上以后，由于脚太小，没有力量蹬地起飞。但是，这两年我的一些观鸟爱好者朋友发现，身体足够健康的北京雨燕落地之后可以起飞。虽然它的脚没有力气，但是它的两个大翅膀很有力气，扑棱几下就可以飞起来了。虽然北京雨燕一般不会主动落在地上，但是如果真把它放在地上，它也不至于飞不起来。

雨燕的脚趾　　　　　　　　　　　家燕的脚趾

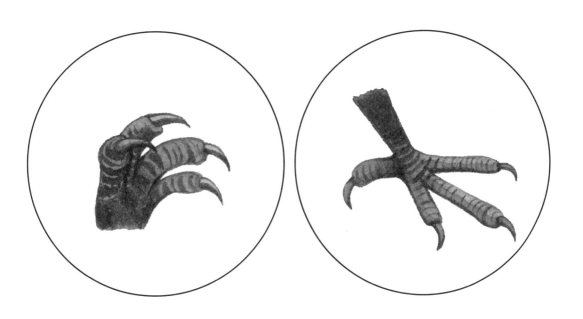

关于动物、植物的知识，随着科学的发展，经常有新的发现和认知。大家在学习的过程中，要时刻关注，及时更新自己的知识。

奇趣无穷的飞鸟乐园

我的自然观察笔记

小朋友，去野外活动看见燕子时，请仔细观察，分辨它是哪一种燕子。

观察完毕后，请在下方空白处将它画出来吧！

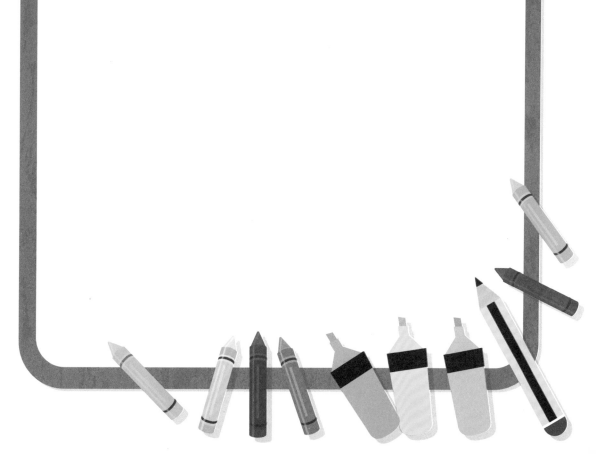

鸟每天都回家睡觉吗？

奇趣无穷的飞鸟乐园

燕子每年都要在南北之间迁徙。如果正好有一群燕子迁徙到你家附近，你会看到一个非常壮观的景象：晚上，路边的电线上落满了燕子，一只挨着一只在电线上睡觉。

曾经有人把这种景象拍下来，发到微博上问我："这些燕子在干什么？"我说："它们正在迁徙，晚上歇歇脚，在睡觉。"他就很纳闷儿："为什么鸟在电线上睡觉，这也太惨了。它们为什么不在窝里睡觉？"我告诉他："几乎所有的鸟平时都不在窝里睡觉，在电线上、树上睡觉才是它们正常的状态。"这让那位网友特别震惊！

为什么鸟不回窝里睡觉呢？

我们总是认为鸟搭窝就跟人建房子一样，搭完了就一直住在里边，白天从窝里飞出去找东西吃，晚上回到窝里睡觉。其实这是一种想当然，是用人类的习惯来推测鸟，是不对的。

其实，你只要开动脑筋想一想，就能明白这个想法是错的了。迁徙中的鸟每天都会飞到新的地方，难道它们到一个

电线上的燕子

地方就搭一个窝，然后晚上住进去吗？

世界上大部分的鸟平时都是随便找一个安全的地方睡觉，或是挤在树枝上，或是躲在悬崖上，或是躲在芦苇丛里。比如，北京的乌鸦每天一大早会从城里飞往郊区，因为在郊区的田野、森林、农田里能找到很多食物。到了傍晚，它们又从郊区往城里飞，找一棵大树，落在上面睡觉。

为什么乌鸦要从郊区飞到城里睡觉呢？这是因为城市有热岛效应，城市里的汽车多、大楼多、人多，所以城市里的

奇趣无穷的飞鸟乐园

气温比郊区要高一些。

鸟不在窝里睡觉，那它们搭窝干什么呢？

鸟搭窝是为了繁殖。如果你看到它们开始搭窝了，那就意味着它们要下蛋了。因为它们不能直接把蛋下到树枝上，那样蛋就会掉下去摔碎。它们需要一个安全、稳固的窝，既能好好地保护蛋，又能让孵出的雏鸟平安地成长。所以，一进入繁殖期鸟就开始搭窝，搭完窝就在窝里下蛋；蛋孵化之后，它们又在窝里喂雏鸟，等到雏鸟可以飞了，这个窝的使命就完成了。

燕子窝

一般情况下，鸟养育完雏鸟就会抛弃这个窝，第二年再搭新的。因为经过一年的风吹日晒，窝也不一定结实了。当然也有一些鸟会利用以前的旧窝，这跟鸟的习性有关系。

鸟是怎样搭窝的呢？

鸟类搭的窝有的精细，有的粗糙。

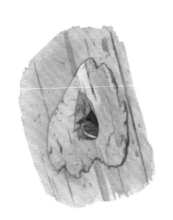

麻雀窝

麻雀一般在哪里搭窝呢？麻雀不在树枝之间搭窝，一般会找一个洞，然后把一些树枝棉絮塞在这个洞里，住进去。所以麻雀经常会在大楼的空调孔里搭窝。有的时候你在家里能听到墙里有麻雀叫，很可能就是麻雀利用你家墙上的空调孔搭窝了。有时候麻雀也会把废弃的燕子窝当成自己的窝。

你有没有观察过喜鹊搭的窝？喜鹊一般

喜鹊窝

奇趣无穷的飞鸟乐园

会选择一棵高大的树，在树的高处搭窝。树干长着长着，会在一个点同时分出几根粗壮的树杈向几个不同的方向长，喜鹊就在这几根树杈交界处搭窝，并用树枝在树杈之间插好，搭成的窝非常牢固，可以保持好几年不散。

我们站在树下看喜鹊的窝，是看不到它里边的雏鸟的。因为喜鹊窝不是碗状，而是球形的。

如果我们找个梯子爬上去看的话，会发现它的窝下半部分是一个碗，上面还有一个盖子，把窝盖起来了。喜鹊窝设计精巧，不仅能抵御阳光暴晒，刮风下雨时仍能很好地保护雏鸟。窝的外层是很粗的树枝，雏鸟在里面会不会扎屁股呢？答案是不会。喜鹊会用棉花和细草在里面铺一个非常软和的床。所以雏鸟和蛋是趴在非常软的东西上的，很舒服。

还有一种鸟——珠颈斑鸠，长得非常像鸽子，是鸽子的亲戚。它和鸽子的区别就是它的脖子上有很多白色的小点，而鸽子没有。珠颈斑鸠的巢非常简陋。它一般在哪儿搭窝呢？比如阳台上的花盆，或者花盆底下接水的盘子，都会得到珠

珠颈斑鸠

颈斑鸠的青睐。珠颈斑鸠飞过来一看，认为这个地方很安全，就会象征性地叼来几根树枝，往花盆里或接水的盘子里一放，就开始下蛋，下完蛋就开始孵化、养育雏鸟。

如果我们在阳台或窗台看到一颗蛋，下面有几根树枝，像个鸟窝却又十分简陋，好像一阵风就能吹散了，那基本能确定这蛋是珠颈斑鸠下的。经常有人发照片问我："珠颈斑鸠在我家窗台上下蛋了，但它的窝也太简单了。我给它做一个人造的小窝，把蛋放在里边，你看怎么样？"我说："你

奇趣无穷的飞鸟乐园

不要管它，你放一个人工的巢它反而会害怕，它感觉这东西不是自己的，就会抛弃蛋，不去孵化了。"所以如果你看到珠颈斑鸠下蛋，不要去管它，不要老开窗户，也不要去吓唬它。它的巢做得虽然粗糙，但小鸟也能长大。

有没有鸟会一辈子都住在巢里呢？

也有。比如非洲草原上有一种鸟叫群织雀，它们会聚在一起，在大树上用草共同编一个开口朝下的窝。群织雀飞回来之后，先倒挂在开口上，然后再朝上钻进去。许多群织雀一起做窝，做着做着都连在一起，变成了一个特别大的窝，大窝上有一个个的小窟窿。我们会看到这些小鸟飞来飞去，在窟窿里钻进钻出。一个大窝里能有上百个小房间，有的时候下一场大雨，窝吸水后会特别沉，甚至能把大树压断。

群织雀会一直住在大窝里，这样有很多好处。首先很安全，很多鸟住在一起，有危险能及时警觉。其次，这些窝的洞口冲下，能防止蛇、老鹰把雏鸟抓走。另外，大窝里冬暖夏凉，十分舒适。这个窝足够大，即使外边很冷，窝里边也很暖和；而天热的时候，因为太阳只能照到表层，照不到窝里，所以里面的小窝很凉快。

我的自然观察笔记

　　小朋友，在房檐下、窗台上、树上有时能看到鸟窝，如果你看到了，在确保安全的情况下仔细观察，看看它是用泥巴做的，还是用杂草枝叶做的。

　　观察完毕后，请在下方空白处将它画出来吧！

该怎么救落巢的小鸟?

奇趣无穷的飞鸟乐园

有的小朋友遇到过这样的事情：碰到一只从窝里掉下来的小鸟，它不会飞，还是雏鸟。你把它带回家自己养，有的鸟能养活，长大后能放飞；有的鸟养着养着，就死了。遇到这种落巢的小鸟到底应该怎么办呢？真正的答案可能出乎很多小朋友的意料。那就是不要把小鸟带回家。小朋友会想：我不把它带回家，它不就死了吗？

为什么最好不要把落巢的小鸟带回家？

前文说过，我小时候喂养过一只小雨燕。有一天我把它从笼子里拿出来，捧在手上喂它，当时正好开着窗户，一不留神小雨燕就挣脱了我的手，飞走了。我就这么稀里糊涂地把它放飞了，它是不是足够强壮，能不能在野外生存，我都不知道。

后来，我上大学时，有一次去四川看望同学。他刚巧捡了一只从窝里掉下来的雏鸟，这只雏鸟是白头鹎（bēi），四川常见的一种鸟。这只鸟的嘴角还是黄色的，说明它还没有

白头鹎雏鸟

长大，成鸟的嘴角就不是黄色的了。这只雏鸟被我同学放在一个纸盒子里，总是不停地叫。它看到人就张开大嘴，好像在说"快给我吃的"。

我和同学给它找吃的。本来我们想去花鸟市场给它买一点儿面包虫，但是没有买到，我们只能在学校里挖蚯蚓给它吃。蚯蚓不够吃了，我们又去找各种各样的虫子。我们发现不管喂它多少东西，它永远都吃不饱似的。而且，我们也不知道该不该喂水给它喝。

我在同学的宿舍住了几天后就离开了，也不知道这只小鸟后来怎么样了。我的体会是，人如果喂养这样的小鸟，就不可能去上班或上学。因为小鸟特别容易饿，可能隔几分钟就要喂一次，人要从早到晚地守在小鸟身边，不停地给它喂吃的。

大家看那些喂小鸟的鸟爸爸、鸟妈妈，几乎刚喂完，马上又扭头飞走去找虫子了，几乎全天都没有休息的时间。

所以把一只落巢的小鸟带回家自己喂养，这对于大部分人来说都不现实。我们每天都要上学或上班，有自己的事要做，不能一直陪着它。

面包虫

遇到落巢的小鸟，我们应该怎么办呢？

我在和一些专业的鸟类救助者交流后才知道，对于普通人来说，把鸟带回家养是非常错误的做法。

遇到落巢的小鸟时，首先你要观察鸟身上有没有伤，如果有伤，就直接给当地的野生动物保护机构打电话，让他们来把鸟救走。他们的救助经验非常丰富，药品也非常齐全，有些治鸟伤的药只有他们那儿才有。

如果这只鸟没有伤，那就是要再进一步观察，看这只鸟是不是那种爬都爬不好的特别小的鸟。如果是，你赶紧抬头看看，能不能找到它的窝。如果能找到，你可以用捞小鱼、蝌蚪的那种网兜，把小鸟放在网兜里，然后举起杆子，把小鸟送回窝里。

如果你找不到鸟窝，可以自己做一个窝。比如找一个小篮子，里边铺一点儿干草或者棉花，然后把小鸟放进去，再把小篮子挂在附近的树上，这样的话小鸟就安全了。

一般来说，大鸟不会离这样幼小的雏鸟很远，就在它附近。大鸟看到雏鸟掉下

自制鸟窝

来，也会很着急。只要你把雏鸟送回原来的窝，或者做一个新窝，挂在树上，大鸟就会飞过来，继续喂雏鸟了。

这时候你离远一点儿，观察一会儿，看看有没有大鸟飞来喂它。如果有，那你可以离开；如果没有，你最好还是给当地的野生动物保护机构打电话，让他们把小鸟带走。

　　有人问：大鸟闻到雏鸟身上有人的气味会不会就遗弃雏鸟了？这种情况是不存在的，只要雏鸟还需要大鸟喂吃的，大鸟就会继续喂它，不会因为被人抓过就不喂它了。

　　如果落巢的鸟不是软绵绵的雏鸟，而是已经有了一定的行动能力，可以在地上蹦来蹦去的，甚至可以扑棱两下翅膀，只是还飞不好。遇到这样的小鸟我们该怎么办呢？这样的鸟一般已经开始学飞行了，它已经比较强壮，但是

落巢的雏鸟

还需要鸟爸爸和鸟妈妈再喂它一段时间。你可以把它放在比较安全的地方，让流浪猫或流浪狗等动物抓不到它。也可以让它站在竹竿上，再抬高竹竿把它放到树上。不一定要放到

窝里，因为这样的鸟已经可以自己站在树枝上了。放好之后再观察一下，看看有没有大鸟来喂它。如果有，你就不用管它了；如果没有，你还是给野生动物保护机构打电话，让他们来照顾小鸟。

下面是一些野生动物保护机构的电话。大家可以看一看有没有你们城市的。有的话，你可以把电话存在手机里，遇到落巢的小鸟，直接打电话就行了。

野生动物保护机构电话

救助中心	联系方式
北京市野生动物救护繁育中心	010-89496118
北京猛禽救助中心	010-62205666
天津市野生动物救助中心	022-68975449
上海市野生动植物保护管理站	021-51586246
河南省野生动物救护中心	0371-65591220
湖南省野生动物救护繁殖中心	0731-85047522
广东省野生动物救护中心	020-87053165
山西省野生动物保护协会	0351-7237295
贵州省野生动物保护协会	0851-6572465
江苏省野生动物保护协会	025-86275430
浙江省野生动植物保护协会	0571-87399196
山东省野生动植物保护协会	0531-88557708

奇趣无穷的飞鸟乐园

如果必须把小鸟带回家，我们该怎么做?

如果我们所在的城市没有野生动物救助站，碰到落巢的小鸟该怎么办呢?

这种情况下，就需要你把它带回家自己养。首先，你可以求助家长、老师或其他懂鸟类的人，查清楚它到底是什么种类的鸟，这种鸟有什么习性，吃什么食物，需要多长时间喂一次。先掌握相关知识，再去喂它。

如果这只小鸟是那种刚出壳不久的，你要把它放在一个纸盒子里，里面铺上一些柔软的棉花和干草，给它保暖。大多数刚孵出来的小鸟都是吃虫子的，所以喂虫子一般不会错。你可以去花鸟市场买一些蟋蟀或者面包虫来喂它。也有一些鸟不吃虫子，比如珠颈斑鸠，它是鸽子的近亲，你可以去花鸟市场买幼鸽粮。鸟的品种不同，喂养的方法也不一样。

如果你不得不养小鸟，一定要好好学习相关知识再去养，不能凭自己的想象去养。而且，我还要提醒你，这样养大的小鸟由于一直跟人生活在一起，它无法掌握那些大鸟才有的生存技能，回到大自然之后也很难存活。所以，最好的办法还是把小鸟交给专业的救助人员。

我的自然观察笔记

　　小朋友，通过阅读本节内容，相信你已经知道如何帮助落巢的小鸟了，但仍然有很多人不了解这些知识。请小朋友做一张简单的图文海报，向大家传递正确的救助知识吧！

鸟怎么尿尿？

奇趣无穷的飞鸟乐园

小朋友们看到过落在汽车上的鸟屎吧？如果爸爸妈妈看到自己家的车上落了鸟屎，会立刻把鸟屎擦掉。为什么呢？因为鸟屎会腐蚀车漆。

鸟屎的腐蚀性为什么这么强？我们总看到鸟拉屎，可是没有看见过鸟撒尿，鸟究竟会不会撒尿呢？

鸟是怎么拉屎的？

随便抓一只鸟、小鸡或鸭子，看看它的屁股，你会发现它的屁股上只有一个眼儿，不管是撒尿、拉屎还是下蛋，都通过这一个眼儿。这就是为什么我们买鸡蛋的时候，有时候会看到鸡蛋上面粘着一些鸡屎。

鸟类屁股上的这个眼儿叫作"泄殖腔口"，泄就是排泄，殖就是生殖，顾名思义，鸟类的排泄和生殖都要经过这里。

鸟的尿和屎是同时排出的，所以大部分情况下我们看不到鸟撒尿。

鸟从泄殖腔口里喷出一股鸟粪，这股鸟粪里有尿也有屎。

仔细观察一下，你会发现鸟粪里有一部分是白色的，还有一部分是深色的。白色的部分就是鸟的尿，就像白油漆一样。

鸟粪

为什么鸟的尿跟人的尿差别这么大呢？

人尿的主要成分是尿素，但是鸟尿的主要成分是尿酸。尿酸是白色的，有腐蚀性，能把汽车的车漆弄坏。

鸟之所以会排尿酸有两个原因。

第一个原因，鸟是恐龙的后裔，恐龙属于爬行动物，很多爬行动物的尿就是以尿酸的形式排出来的。

如果你养蜥蜴的话，可以观察一下它的粪便。蜥蜴排出的粪便前面有一个圆形的白色小球，后面连着一条黑色的粪便。前面的白色小球就是尿酸，也就是它的尿。很多爬行动物都是这样排尿的，鸟是由爬行动物进化来的，自然也是这样排尿的。

这样排尿有什么好处吗？爬行动物通常生活在比较干旱的地方，不能获得足够多的水，如果像人类一样大量排尿，它们身体里的水分流失就太严重了，所以它们要把尿浓缩。尿素需要溶解于大量的水中才能排出体外，但是尿酸只需要非常少的水就可以排出。所以，一些爬行动物选择排出尿酸，这样就能保证身体中的水分不流失。

第二个原因，排尿酸能够帮助鸟类减轻体重。如果鸟像人一样排尿，那它首先得喝很多的水，保证体内有这么多的水分。那么它的身体就会很重，飞不起来。所以排尿酸可以让鸟不用喝那么多水，身体就可以更轻，飞起来更方便。

再给大家介绍一个知识，我们经常把粪便称为"排泄物"，其实这是不对的。人的粪便不能叫"排泄物"，应该叫"排遗物"。

中学的生物课会讲到这一点。

排泄和排遗是怎么回事?

排泄是人和动物经过新陈代谢,把细胞、体液里的废物排出体外。对人类来说,排尿、出汗、呼出二氧化碳这三件事才叫"排泄"。

排遗是指食物从嘴里吃下去之后,经过胃、小肠等消化器官消化吸收后,排出不能消化的剩余废物的过程,如排便、呕吐等。

人类的排泄和排遗是分开进行的。鸟类的排泄和排遗最后是混在一起的,它的屎和尿最后都进入泄殖腔,通过泄殖腔口把屎和尿的混合物一起排出去。

鸟类是由恐龙进化来的,又是这样排尿的,那恐龙是不是也是这样排尿的呢?这很有可能,但是我们现在没有办法下定论。因为鸟类里也有一些特殊情况,比如鸵鸟。我们去动物园的时候,凑巧的话,就可以看到鸵鸟排尿。

鸵鸟的屎和尿虽然也是从同一个泄殖腔口里排出来的，但不是同时排出的，有先后顺序。鸵鸟先排出一大泡尿，然后才拉屎。鸵鸟的泄殖腔是可以膨胀的，尿液形成后，可以先存在它的泄殖腔里。鸟类没有类似人类的膀胱，但是鸵鸟的泄殖腔可以承担膀胱的功能。

鸵鸟是现存的鸟类里比较原始的一种鸟，可以说它的一些特征更接近于恐龙。人们猜测，恐龙也有可能像鸵鸟一样，

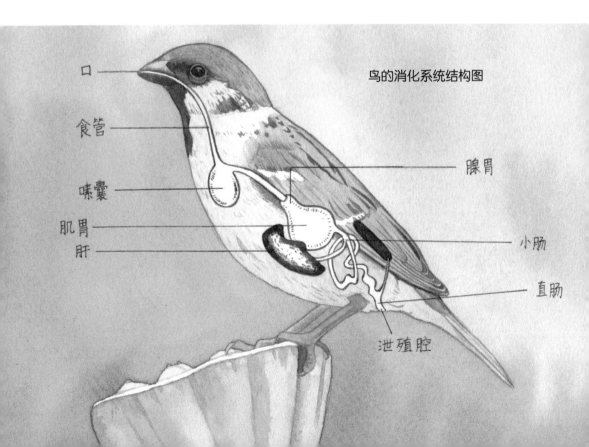

口

食管

嗉囊

肌胃

肝

鸟的消化系统结构图

腺胃

小肠

直肠

泄殖腔

先排尿再拉屎。不过，现在没有证据，因为恐龙的内脏没有保存下来。所以人们至今也不知道恐龙到底会不会排尿。但是我们可以明确的是，大部分鸟类的尿液都是白色的尿酸，并且尿和粪便是混在一起排出体外的。

我的自然观察笔记

小朋友，请你留心观察停在树下的车，看看上面有没有白色的鸟粪，然后向家人讲解一下鸟粪为什么是白色的原因吧！

结束后，请在下方空白处将观察内容记录下来吧！

麻雀为什么蹦着走？

你有没有观察过这个现象：小麻雀在地上的时候都是一蹦一蹦的，我们几乎看不到它像人那样先迈一只脚，再迈一只脚。而大一点儿的鸟，像鸭子、鸡、丹顶鹤和大雁，都是和人一样一步一步迈着走的。

麻雀为什么蹦着走?

家麻雀

这个问题之前并没有人做过充分的研究，因此没有明确的结论，但是我们可以一起在本节内容中讨论一下，或许对你以后揭晓答案有所启发。

首先，如果你上网搜索"为什么麻雀蹦着走"，一般会得到这样一个答案：鸟的腿里有一块胫骨和一块跗骨，但是麻雀的这两块骨头之间没有关节臼，所以这个关节不能弯曲，致使它没有办法迈步走，只能蹦着走。这个答案看起来很专业，很多人也就相信了，传播得越来越广。

　　但如果你对麻雀有足够细致的观察，就会发现这个说法是错的，因为麻雀可以迈步走。网上能找到一些照片：麻雀抬起一条腿，正准备迈步，另一条腿还在地上，就和人迈步走一样！观鸟爱好者，比如我的同事张瑜，就看到过麻雀迈着步走，但是基本上就是一个瞬间。比如麻雀想拐个弯，拐弯的这几步，它可能就直接迈着步走过去了；或者它眼前有一个食物，路程特别短，几厘米的路程，它可能也会迈步走过去。

树麻雀

　　我的那位同事还是一位自然类科学手绘画家，他对鸟类的骨骼有非常深的了解，因为他要画鸟，就必须要了解鸟。他说麻雀的腿虽然短小，但是并不存在缺一块关节的现象。而且麻雀飞起来的时候，它的腿是完全弯曲折叠在身体下边的。此外，《科学课》杂志曾经刊登过一篇文章——《会跳不会走的麻雀》，用的就是"关节缺失"的解释，认为麻雀的腿不会弯。结果有两位武汉大学生命科学学院的老师给杂志社去信，主张麻雀蹦着走和它后肢骨头的结构无关。

前文那个"关节缺失"的解释，虽然用了很多专业术语，但这些术语都是错的。其中提到的胫骨和跗骨，在鸟类学里叫胫跗骨和跗跖骨。连名词都写错了，还怎么让人相信呢？

麻雀喜欢蹦着走，是生活环境导致的吗？

我猜想，麻雀的祖先肯定会迈步走。麻雀属于雀形目，雀形目是比较晚才演化出来的一个很年轻的鸟类类群。比较原始的鸟类是鸵鸟、鸭子和鸡，它们全都是迈步走路的。这就说明早期的鸟类肯定也是走路的，演变成麻雀之类的小鸟时，它们才开始跳着走。我想有可能是因为麻雀经常生活在树上，树上有很多的树枝，它要在树枝之间跳跃，因为它个

树枝上的三只麻雀

子小、腿短，只能是双脚一起跳、一起抓住另一根树枝。时间一长，麻雀习惯了在树枝间跳跃，来到地面上觅食的时候，也是这样跳着走路了。

我的猜想有什么证据呢？不光是麻雀，各种在树枝上觅食、跟麻雀个头儿差不多大的小鸟，在地上都是蹦着走的。而那些在地上生活的鸟，大都是迈步走路的。

跟麻雀同属于雀形目的，还有一种叫鹡鸰（jí líng）的鸟。鹡鸰比麻雀稍微大一点儿，也是一种雀鸟，

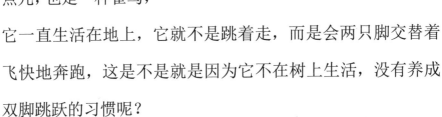

鹡鸰

它一直生活在地上，它就不是跳着走，而是会两只脚交替着飞快地奔跑，这是不是就是因为它不在树上生活，没有养成双脚跳跃的习惯呢？

但是，我这个猜想也有漏洞——麻雀并不是大部分时间都在树上生活，它在地上生活的时间也相当多。这就跟我的

解释有矛盾。麻雀既然经常在地上活动，它为什么还要蹦着走呢？

麻雀蹦着走与它的体型有关系吗？

这个时候我们要考虑一个现象：像麻雀这么小的鸟一般是蹦着走；稍大一点儿的鸟，像乌鸦、喜鹊有的时候迈步走，有的时候跳着走；再大一点儿的鸟，像鸡、鸭，包括丹顶鹤，它们只迈步走。所以越小的鸟越爱跳着走，越大的鸟越爱迈步走。这是不是跟鸟的体型有关呢？

我的同事张瑜就认同这种观点。他也在网上搜了一些国外的讨论，外国人也对这事很纳闷儿，提出了不少看法，也有很多人觉得这跟体型有关。人们认为对于小鸟来说，跳跃比较省力气，脚像弹簧一样跳一下，它就能跳很远，可能和它迈两三步的距离一样，所以它更愿意跳着走。大鸟由于体型很大，跳着走会很累，所以它们就选择迈步走。

还有人认为，体型小的鸟的大脑灰质不够发达。灰质发达就会迈步走，灰质不发达就只会蹦着走。这个观点我没有验证过。

综上所述，麻雀为什么蹦着走的答案目前没有定论，大家都有自己的看法。我认为鸟走路的形式跟鸟的体型有关，这种解释稍微合理一些。那么你对这个问题怎么看呢？一定要根据你的观察，还有你冷静的思考来解答，没准儿你就能够想出更合理的解释。

我的自然观察笔记

　　小朋友，麻雀是一种比较常见的鸟，如果你看到了麻雀，请仔细观察，看看它是不是真的蹦着走。

　　观察完毕后，请在下方空白处将它画出来吧！

猫头鹰白天怎么睡觉？

奇趣无穷的飞鸟乐园

如今，我们觉得猫头鹰是非常可爱的鸟，但是在古代，人们对猫头鹰既尊敬又害怕。

猫头鹰的正式名称叫鸮（xiāo），它的脸长得非常像人的脸。一般的鸟脸很窄，眼睛是左侧一只，右侧一只，但是猫头鹰的脸非常圆，两只眼睛都在前边，可以同时正视前方，这和人脸很像。而且猫头鹰的眼睛特别大，盯着人看的时候，人心里会发毛！加上大部分猫头鹰都是夜里出来活动，突然被这么一双大眼睛盯着，谁都会害怕。而且夜里猫头鹰的叫声听着也很恐怖。

人们对猫头鹰的印象是什么样的呢？

中国人普遍把猫头鹰视为一种带有神性的鸟。在商朝的时候，人们就以猫头鹰为原型做了各种各样的青铜器，期待它的神性能够附着在青铜器上，比如殷墟妇好墓出土的鸮尊。后来，猫头鹰在中国的形象越来越

猫头鹰

不好，由于它夜晚才出来活动，人们认为它不吉利。北方有

一句俗话叫"夜猫子进宅，无事不来"，"夜猫子"就是猫头鹰，人们觉得如果猫头鹰到家里来了，那一定是有坏事要发生了。

日本的猫头鹰工艺品

而在日本，猫头鹰是吉祥的象征。日本有各种各样的猫头鹰工艺品，逢年过节人们还会互相赠送，认为这些工艺品像猫头鹰一样会给人带来好运。

在欧洲，猫头鹰和魔法、巫术总是联系在一起。《哈利·波特》里出现的各种各样的猫头鹰，就与魔法和巫术有关。

大家觉得猫头鹰很可爱，但是别忘了猫头鹰是猛禽。虽然它不会伤害人，也不会直接抓人，但是它抓小动物时一点

儿都不含糊！

为什么猫头鹰擅长抓小动物？

猫头鹰身体的各个部位是为更高效地捕捉小动物而演化成现在这样的。比如猫头鹰的大脸，猫头鹰的头骨并不是扁的，大脸盘主要都是羽毛，羽毛往两边长，整个脸就显得很平。这样有什么好处呢？比如小老鼠在叫，微弱的叫声传到它面前时，面部的这些羽毛可以把叫声聚拢起来，让猫头鹰更好地接收到。夜晚，无论多细小、多微弱的声音，哪怕是一只小刺猬踩断了一根树枝，它都能听见，并且能准确锁定位置。

猫头鹰能有这么好的听力，除了脸部羽毛聚拢声音外，还因为它的耳朵位置长得很独特。人的耳朵两边一样高，而猫头鹰的耳朵一只靠上一点儿，一只靠下一点儿，这样可以让它形成立体的听觉，迅速锁定声音发出的位置。

说到耳朵，不少小朋友认为猫头鹰的耳朵就是立在脑袋上边的那两撮毛。其实那两撮毛不是猫头鹰的耳朵。如果你

在森林中飞翔的猫头鹰

看过猫头鹰的头骨，会发现它的耳朵其实是两个眼儿，平时埋在脸部的羽毛下边，从外面根本看不见耳朵在哪儿。猫头鹰有很多种，大部分猫头鹰没有这两撮毛，只有少数几种，比如长耳鸮、雕鸮等才有。

这两撮毛有什么用呢？有的人认为这是一种装饰，有的人认为这两撮毛在猫头鹰落在树枝上的时候，可以让猫头鹰看上去像一根大树杈子，有利于它伪装自己。不过，目前还没有定论。这两撮毛也可能根本就没有用，就只是这几种猫头鹰的一个特征而已。

大部分猫头鹰羽毛的颜色都非常像树皮，这样有利于它们隐藏自己。尤其是一些小型的猫头鹰，比如角鸮，它在树上的时候闭上眼睛，羽毛的颜色和整个身体的形状，几乎跟树融为一体，你即使和它面对面也很难分辨出来。

它们长得像树皮，一方面是为了在捕猎的时候不让猎物发现自己，另一方面也是为了在白天睡觉的时候不让其他动物看到自己，保证自身安全。

猫头鹰夜晚捕猎，白天睡觉。猫头鹰白天是怎样睡觉的呢？有些猫头鹰会找树洞睡觉，有些猫头鹰会直接蹲在树枝上睡觉。北京的天坛公园有一片古柏林，每年冬天的时候，长耳鸮（就是前文说的头上有两撮毛的那种猫头鹰）会飞过来，白天蹲在柏树上睡觉。每年观鸟爱好者都会来到这些树下，观察长耳鸮。

长耳鸮

怎样能发现树上的长耳鸮呢？

长耳鸮对睡觉的地方十分"钟情"，它挑中了一根树枝，就天天来这根树枝上睡觉，不愿意换另一根树枝。这根树枝下面就会有很多它的粪便，以及它吐出来的"食丸"。猫头鹰吃完老鼠、小鸟后，

猫头鹰吐食丸

会把消化不了的骨头或者毛等食物残渣聚成一个小丸子，再把它吐出来，这就是食丸。食丸会掉在树下，你找到食丸，抬头仔细观察，就能发现猫头鹰了。

科学家将这些食丸拨散开，分析里边有什么鸟的羽毛，有哪种老鼠的骨头，就能够得出猫头鹰的食谱。

每年有很多人来天坛看这些长耳鸮，但有一些人特别没有礼貌，为了让

睡觉的猫头鹰

长耳鸮睁眼就在树下大喊大叫。有的长耳鸮觉得太吵，就飞走了。现在天坛的长耳鸮数量没有以前多了。我发现很多小朋友去观鸟时都有这个毛病，一看到鸟就大声嚷嚷，这样特别不好。观鸟是一项安静的活动，千万不能嚷。

不过有意思的是，有一些小鸟也会在猫头鹰睡觉时打扰它。人们发现猫头鹰白天睡觉的时候，总会有一些小雀鸟围着它叽叽喳喳地叫，还会突然冲过去戳它一下或踹它一脚，然后又飞走。

按理说，这么多鸟逗弄猫头鹰，它直接抓住一只吃掉，别的鸟不就吓跑了？但是奇怪的是，猫头鹰并没有这样做，反而闭着眼任凭小鸟来打扰，至多睁开一只眼睛看看，或者扑棱两下翅膀，并不做什么反抗。

很多猛禽也有这种情况。比如某些鹰、雕在天上飞的时候，也会有小鸟突然飞过去撞它一下或踩它一脚，它们也不理这些小鸟，会直接飞走。

为什么会这样呢？原因目前还不是特别清楚。可能是因为这些小鸟觉得大鸟是一种威胁，想把它赶跑；而小鸟在这些大鸟身边飞来飞去的时候，又不是大鸟的狩猎时间，所以大鸟也懒得理会它们。另外，猛禽一般都是趁小鸟不注意的时候突然出手，这样抓住小鸟的概率特别高；如果小鸟注意到了，就没那么好抓了。

　　猫头鹰也是这样，白天它任凭这些小鸟吵，一到晚上，这些小鸟有可能就是它的盘中餐了。

我的自然观察笔记

小朋友，现在很难在野外看到猫头鹰了，想要进一步了解它们，可以观看相关纪录片，如《自然世界：揭秘猫头鹰》。看完后，请在下方空白处写下观后感吧！

花坛里的奇怪动物是蜂鸟还是蛾子？

奇趣无穷的飞鸟乐园

在路边的花丛里，除了蝴蝶、蜜蜂，还能看到一种动物，它的大小跟枣差不多，可以悬停，飞行能力非常高超，而且它还有长长的嘴，可以插到花心里吸食花蜜。

这是什么动物呢？有人说这是蜂鸟，并拍下照片发给我，问我这是哪种蜂鸟。我告诉他这不是蜂鸟，而是一种蛾子。他们都不信，因为他们认为蛾子飞起来横冲直撞的，一点儿都不优雅，怎么可能在空中悬停呢？这一看就是蜂鸟，蜂鸟就是这么吸花蜜的。

为什么这种动物不可能是蜂鸟？

首先我们要知道，中国没有野生的蜂鸟，不单中国没有，整个亚洲、欧洲、非洲都没有。哪儿才有蜂鸟呢？美洲。

美国人很喜欢在自己家的院子里摆一个装甜水（如蜂蜜水）的小瓶子，这个瓶子会有几个出口，每个出口都是一朵小花的形状；甜水会顺着出口存在小花里，这样可以把蜂鸟吸引过来。蜂鸟就会把嘴插到花里吸甜水，人们可以在旁边观赏。

蜂鸟

中国没有蜂鸟，花坛里的这些动物是什么呢？

花坛里飞的主要是这三类蛾子：一类是长喙天蛾，就是它的喙很长；一类是黑边天蛾；还有一类是透翅天蛾。

这三类蛾子长得差不多，都可以在空中悬停，甚至还可以倒退着飞，飞行能力跟蜂鸟几乎一样。而且它们的屁股上还有一些毛，远远看上去很像蜂鸟尾部的羽毛。这些蛾子吸花蜜的嘴也特别长。我们知道蝴蝶和蛾子的嘴都很长，叫虹吸式口器，像细细的管子，能插到花里吸蜜。长得像蜂鸟的这三类蛾子，它们的口器比一般蛾子的还要长，看上去也很像蜂鸟的长嘴。它们可以悬停在空中，在离花比较远的地方就把口器伸进花心里吸蜜，而且它们的大小跟蜂鸟也差不多。所以，这几点结合到一起，也难怪被人误认为是蜂鸟了。

怎么才能判断出它们是蛾子呢？

判断方法非常简单——蜂鸟没有触角，但蛾子有触角。

花坛里的那些动物，它们的脑袋上都有两根非常明显的触角，像立起两根小辫儿一样，看到这个就能知道它们是蛾子。此外，蜂鸟的嘴虽然细，但不会变形，而蛾子的嘴能卷成一卷，也能伸直，可以随意变换形状，在吸蜜的过程中，嘴的形状一直在变。通过这点我们也可以知道这种动物是蛾子。

还有一点，蛾子有六条腿，但是蜂鸟只有两条腿。有的蛾子在吸蜜的时候，腿会来回乱动，很容易能看出蛾子的腿很多。如果你实在判断不出来，可以找一个小网，把蛾子抓住，拿到手里看看它到底长什么样子。如果你没有网，用手也能抓住，因为这些蛾子可以悬停，你很容易瞄准，趁它们专心吸蜜的时候，突然伸手就可以抓住了。

长喙天蛾

　　这三类蛾子里，长喙天蛾最常见，黑边天蛾比较少见。长喙天蛾由于太常见、太像蜂鸟，外国人就给它起了个名字，翻译过来叫"蜂鸟鹰蛾"。国内很多媒体爱用这个名字，但这个名字是英文直译，我们最好还是用它的中文正式名称——长喙天蛾。

　　透翅天蛾很有意思，一般蛾子的翅膀上都有很多鳞粉，但是透翅天蛾的翅膀是透明的，非常少见。黑边天蛾的翅膀其实也算是透明的，但翅膀还有一圈宽宽的黑边儿，而透翅天蛾没有黑边儿，除了翅脉，全是透明的。

咖啡透翅天蛾是最常见的透翅天蛾，它刚从蛹里钻出来的时候，翅膀上有一层薄薄的、土黄色的鳞粉，但是在它第一次起飞时，翅膀一振动，鳞粉就全都掉了。所以，在它第一次起飞之后，它的翅膀就变成透明的了。

这些蛾子的成虫很难养。你抓一只蛾子回来，放到屋里，给它弄点儿花蜜或蜂蜜，它不会老老实实地去吃，很难存活。但是你可以养它们的幼虫，比如在北方很常见的一种蛾子——小豆长喙天蛾，它也是花坛里所谓的"蜂鸟"里最常见的一类。它的幼虫吃豆科的植物，你可以去找一找，然后带回家，喂它一些豆科植物的叶子。换句话说，你在哪种植物上找到它，你就喂它哪种植物的叶子。它慢慢地会变成蛹，最后变成蛾子。

咖啡透翅天蛾在南方比较多，而且容易出现在栀子花的叶片上。栀子花在南方也是常见的绿化植物，你在叶片上仔细找一找，就有可能发现它的幼虫。抓回幼虫之后，你可以用栀子花的叶片来喂，这样就能养成咖啡透翅天蛾了。你可以观察一下，它刚从蛹里出来时翅膀上那一层鳞粉，还有它第一次飞起来之后，鳞

透翅天蛾

粉是怎样掉下去的。这是非常有意思的。观察结束之后，就把蛾子放飞到野外吧！

我的自然观察笔记

　　小朋友，在花坛边碰到飞来飞去的蛾子时，请仔细观察，看看它是不是本节所讲的那三种蛾子。

　　观察完毕后，请在下方空白处将观察内容记录下来吧！

鸟是恐龙进化来的吗？

奇趣无穷的飞鸟乐园

恐龙灭绝了吗？

如果你认为恐龙灭绝了，那就错了，因为只有非鸟恐龙灭绝了。什么意思呢？换句话说，恐龙并没有完全灭绝，其中有一支活到了现在，并且我们人人都见过，那就是鸟。

为什么说鸟起源于恐龙？

鸟到底是不是起源于恐龙，这是科学家一直争论的焦点。前段时间我在网络上说鸟是一类恐龙，当时有网友在评论里说："这还只是个假说而已。"其实这已经不是假说，是定论了，现在科学界已经确认，鸟就是恐龙的后裔。

我国著名的古生物学家徐星说过一句话："我们今天依然生活在一个恐龙世界里。"我们的身边充满恐龙，麻雀、喜鹊、燕子、鸡、鸭等，这些鸟全都是恐龙。你吃的鸡腿、烤鸭，其实就是恐龙肉。

你是不是有点儿不敢相信呢？科学家很长时间以来也不敢相信。大概在清朝末年的时候，英国科学家赫胥黎最早

始祖鸟复原图

提出鸟类可能起源于恐龙的观点，但是很多人不相信。比如古生物学家海尔曼曾经写过一本非常著名的书——《鸟类起源》，书中就提出："鸟类应该不是起源于恐龙。"

海尔曼认为鸟起源于槽齿类动物。槽齿类动物是比恐龙还要早的一类动物，从槽齿类动物里演化出了恐龙和其他的一些爬行类动物。海尔曼提出，槽齿类动物中的一支演化成了恐龙，还有一支演化成了鸟。很长时间以来，人们都相信这个学说。

后来，人们在国外发现了非常著名的始祖鸟化石。人们发现它有着恐龙式的骨头，但是长着羽毛，不单胳膊上的羽毛形成了很大的翅膀，尾巴上也有羽毛。从此，人们就开始猜测：鸟类是否真的是从恐龙演化来的？

近些年人们发现了更多的证据。在哪儿发现的呢？就是在我国辽西地区，在那里发掘出了很多长羽毛的恐龙化石。

奇趣无穷的飞鸟乐园

1996 年，人们找到了一块化石，这块化石完全就是恐龙的样子，但是它的身上覆盖着一层绒毛，人们叫它"中华龙鸟"。这块化石被发现之后引发了轰动，人们这才发现，原来恐龙的身上确实是会长毛的。

2016 年，人类首次发现了琥珀中的恐龙化石。琥珀里是一只手盗龙的一段毛茸茸的尾巴，上面覆盖着羽毛，这是恐龙长毛的又一铁证。

但是中华龙鸟是一种恐龙，虽然它的名字里有"鸟"字，但它不是鸟，它是一种小型的恐龙。它身上只有一层绒毛，这样

中华龙鸟复原图

的毛没有办法飞行。所以现在很多学者认为它并不是鸟类真正的祖先，只是一种长毛的恐龙。但是从中华龙鸟的发现开

始，大家逐渐意识到，很多恐龙都是有毛的。比如恐爪龙，这是一种非常凶猛、跑得非常快的恐龙，经常聚成一群去围捕大恐龙。在恐爪龙的早期复原图里，恐爪龙浑身光溜溜的，覆盖着鳞片。但在最近新的复原图中，恐爪龙身上覆盖着羽毛，胳膊上也有小的翅膀。

关于鸟类的起源有哪些说法？

在我国辽西地区发掘的很多恐龙的羽毛都非常短小，完全不足以让它们飞起来。所以人们认为，恐龙的羽毛一开始可能跟飞行无关，而是有别的作用，比如保暖。但是后来有一些恐龙喜欢在树上生活，经常从一棵树跳到另一棵树。为了能够跳得越来越远，它们身上的羽毛就越长越长，让恐龙可以滑翔了。后来，它们演化出了飞行的能力，也就变成了鸟。这就是鸟类的"树栖"起源说，认为鸟类祖先是在树上生活的，在树枝间滑翔，慢慢地变成了鸟。

还有一种"地栖"起源说，认为鸟类的祖先是一种生活在地上的恐龙，它们总在地上跑，跑的时候为了加速，就扇动前肢，慢慢地前肢就演化成了翅膀，让它们可以飞起来。目前，"树栖"起源说更被大家接受。

科学家还发现早期的恐龙在尝试飞行的过程中，还走过另一条道路。有的恐龙不只是两个前肢长翅膀，两个后肢也长翅膀，一共有四只翅膀，这样它获得的升力更大。我国辽西地区发现的小盗龙就是有四只翅膀的恐龙。但是如果后肢有两只翅膀，平时走路、奔跑都不方便，当它的前翅足够强大之后，它就用不着后边的两只翅膀了。所以鸟类后来就固定成只用两个前肢来飞行，后肢用于站立或者行走。

小盗龙复原图

中国辽西地区是带羽毛的恐龙最著名的发现地，人们在那儿挖掘出了各种各样带羽毛的恐龙化石和很多早期的鸟类化石，如孔子鸟。正是我国发现的这些化石，最后让人们确定鸟类就是由恐龙进化来的。

现在我们应该把鸟归类在恐龙家族里，它是恐龙的一支。

我们从鸟的身上还能看到一些恐龙的影子，比如鸟的爪子上没有羽毛，都是鳞片。你可以观察一下鸡爪子，上面覆盖着鳞片，这是跟恐龙一脉相承的。

鸟类失去了恐龙的哪些特点呢？第一，牙没有了。恐龙以前都是有牙的，但是鸟嘴变成了坚硬的喙，牙就退化了。第二，鸟类两个前肢的爪子也退化了，埋到了翅膀的羽毛下边。你在吃鸡翅尖的时候，还能看到一两个小尖儿，这就是退化后的爪子。

有一种鸟类——麝雉（shè zhì），生活在南美洲的热带雨林里。麝雉的雏鸟，两只翅膀上还长着爪子，如果从树上掉下来，它能用爪子爬上去，但是长大之后这个爪子就消失了。

麝雉的雏鸟

我的自然观察笔记

　　小朋友，去花鸟市场时仔细观察一下，看看鸟爪上面是不是真的覆盖着鳞片。

　　观察完毕后，请在下方空白处将鸟爪画出来吧！

抓天鹅的小白鹰有多厉害？

　　本节为大家介绍一种非常神奇的鸟——海东青。清代的康熙皇帝曾经在诗中这样赞美它："羽虫三百有六十，神俊最数海东青。"什么意思呢？就是带羽毛的动物非常多，有360种（当然这是一个虚指，表示数量多），但其中最精神、最漂亮的是海东青。这句话也体现了海东青的美丽以及人们对它的喜爱。

　　海东青是一种猎鹰，人们可以训练它来捕猎。海东青生活在北方非常寒冷的地方，比如西伯利亚。中国东北也有海东青，但是很少。

海东青

海东青在古代的时候曾经作为贡品进贡给皇帝。金朝和元朝曾经规定：被发配到北方的犯人如果抓到了海东青，就可以被释放或者减轻处罚。皇帝们要海东青，就是用它打猎取乐。

[明] 殷偕《鹰击天鹅图》

海东青到底是哪种鸟呢？

明代有一幅《鹰击天鹅图》，画的就是一只海东青抓住天鹅的脑袋，天鹅正从天上掉下来的景象。这幅画里的海东青是一种很小的像鹰一样的鸟，身上是白色的，上面有很多黑色斑点。

乾隆年间有一位宫廷

画家——法国人贺清泰，他画了一幅《白海青图》，画中是一只鹰一样的鸟站在一个木头架子上，鸟也是白色的，上面有很多黑色斑点。根据这两幅图，我们可以推断出海东青是矛隼（sǔn）。

隼是一类小型猛禽，矛隼是其中的一种，分布在欧洲北部、亚洲北部、北美洲北部等非常冷的北方。矛隼在中国很罕见，只会出现在东北。

海东青不只有黑白相间这一种颜色，古籍里记载的海东青"有雪白者，有芦花者，有本色者"。其实今天我们

［清］贺清泰《白海青图》

看矛隼也是这几种颜色，有的是黑白相间的，有的颜色像芦花鸡一样。

古人非常喜欢白色带黑点的海东青。这不是因为它比其他颜色的海东青更凶猛，而是看着更漂亮，也更少见。

古代很多国家都有训练猛禽打猎的习惯。在这些猛禽里，矛隼抓猎物的能力并不是最强的，但为什么人们这么喜欢矛隼呢？我觉得可能有这么几个原因：第一，海东青是隼里体型最大的，架在胳膊上看上去特别威武；第二，它浑身洁白，非常漂亮；第三，在中国它比较少见，物以稀为贵。

也有人持不同意见，认为海东青不是矛隼。比如中国的动物学家谭邦杰先生曾经翻阅古书，发现其中记载大的海东青可以抓鹿，而矛隼就算再大，也不可能抓住鹿。所以他推测海东青可能是某种海雕。海雕是另一类猛禽，它比矛隼大得多，甚至比一般的老鹰还要大，抓鹿是有可能的。

海雕

　　但是谭邦杰先生也提出了另一种可能：现在阿拉伯国家有一些人会训练隼抓羚羊。羚羊和鹿差不多大，而隼很小，怎么抓羚羊呢？人们先把一个羚羊模型放在那儿，让隼去啄羚羊的眼睛，等隼见到真的羚羊时，就会扑上去啄羚羊的眼睛，人再跑过去抓住羚羊，并不用隼杀死羚羊。所以谭邦杰先生觉得海东青是海雕或矛隼的可能性都存在。如果海东青是矛隼的话，可能是用啄眼睛的方法抓鹿。

猎食中的海雕

我个人认为海东青是海雕的证据还不够，不能仅仅由于有一处古籍记载它能抓鹿，就否定它是矛隼。毕竟还有更多的古籍记载都指向它就是矛隼，包括前文提到的那两幅古画，画中的海东青明显就是矛隼，而不是海雕。

为什么我们要反对"玩鹰"？

我前面说的这些古人训练海东青抓猎物的内容，是为了给大家介绍海东青的历史知识，并不是鼓励大家去玩海东青或其他猛禽。这种玩鹰的文化现在我们应该反对，因为这些猛禽都是从野外抓来的。所有的猛禽在中国至少是国家二级保护动物，捉它们是犯法的。中东一些国家有个别人喜欢玩鹰，就有人在中国野外抓住鹰隼，走私到中东，这非常不好。我们要保护好我国的猛禽，不能把它们卖到国外，自己也不能玩它们。

人们抓来鹰隼之后，如果想让它乖乖给人抓猎物，就要用非常残酷的方法磨掉它的野性，也就是"熬鹰"。

人们抓到鹰之后，先要喂它一个麻线团，过一会儿鹰会把麻线团吐出来，相传这样能把鹰肠胃里的油刮出来。其实鹰的肠胃里没有油，这种方法是纯粹的虐待，会让鹰没有精神。然后人还要日夜看着鹰，不让它睡觉，只要稍微一闭眼，人就敲醒它。这样熬几天后鹰就受不了了，完全任人摆布了。训练隼也是用类似的方法。

　　你想想，经过这样一番折腾，鹰和隼的身心健康肯定会受到很大的损害！在捕猎时还会受很多伤，因为人会逼着它们去抓一些它们平时根本不会抓的动物，比如狐狸、狼，这些都是很危险的动物。而且人养它们的时候经常让它们站在架子上，时间长了脚也会受到伤害。

　　有人养一段时间后，会把它们放掉，名义上是还它们自由，但是它们的身体已经受了很大的伤害，又失去了人的喂养，往往很快就死掉了。

　　玩鹰是一种非常残酷的游戏。古人的事了解就好，今天我们不能再这样做，要保护猛禽，保护我们的海东青。有句诗叫"鹰击长空，鱼翔浅底，万类霜天竞自由"，猛禽是属于天空的，让它在大自然里搏击，才是对它最大的尊重。

我的自然观察笔记

小朋友，明代殷偕所画《鹰击天鹅图》及清代贺清泰所画《白海青图》都描摹了海东青的英姿，仔细观赏一下吧！

观赏完毕后，请在下方空白处写下赏画日记吧！

图书在版编目（CIP）数据

小亮老师的博物课 . 奇趣无穷的飞鸟乐园 / 张辰亮
著 ; 尉洋等绘 . — 成都 : 天地出版社 , 2021.3
　ISBN 978-7-5455-6171-5

Ⅰ . ①小… Ⅱ . ①张… ②尉… Ⅲ . ①博物学—儿童
读物②鸟类—儿童读物 Ⅳ . ① N91-49 ② Q959.7-49

中国版本图书馆 CIP 数据核字 (2020) 第 246052 号

XIAOLIANG LAOSHI DE BOWU KE:QIQU WUQIONG DE FEINIAO LEYUAN

小亮老师的博物课：奇趣无穷的飞鸟乐园

出 品 人	陈小雨　杨　政
作　　者	张辰亮
责任编辑	赵　琳　张芳芳
美术编辑	彭小朵　李今妍
封面设计	彭小朵
责任印制	董建臣

出版发行　天地出版社
　　　　　（成都市锦江区三色路238号　邮政编码:610023）
　　　　　（北京市方庄芳群园3区3号　邮政编码:100078）
网　　址　http://www.tiandiph.com
电子邮箱　tianditg@163.com
经　　销　新华文轩出版传媒股份有限公司

印　　刷　北京博海升彩色印刷有限公司
版　　次　2021 年 3 月第 1 版
印　　次　2023 年 2 月第 21 次印刷
开　　本　710mm×1000mm 1/16
印　　张　7
字　　数　48 千字
定　　价　39.80 元
书　　号　ISBN 978-7-5455-6171-5

"博物达人"张辰亮带你一起通晓自然万物！

《小亮老师的博物课》配套音频，
喜马拉雅热播课程，扫码马上听！